LA VÉRITÉ

SUR

M. A. THIERS

PAR

UN IMPARTIAL

PARIS

ENTU, LIBRAIRE-EDITEUR

ais-Royal, 17 et 19, galerie d'Orléans.

—

1877

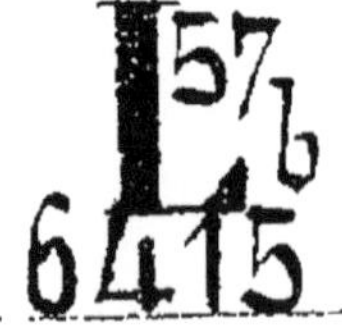

LA VÉRITÉ SUR M. A. THIERS

LA VÉRITÉ

SUR

M. A. THIERS

PAR

UN IMPARTIAL

PARIS

E. DENTU, LIBRAIRE-EDITEUR

Palais-Royal, 17 et 19, galérie d'Orléans.

1877

PRÉFACE

La mort de M. Thiers est un événement à propos duquel toutes les plumes du journalisme se sont donné carrière. J'ai lu tout ce qui a été écrit sur M. Thiers à l'occasion de ses récentes funérailles et voici ce qui m'a paru le plus juste et le plus vrai. Je ne connais pas l'auteur de cet article, et en le choisissant pour le répandre parmi mes concitoyens, je me trouve bien en droit de signer

UN IMPARTIAL.

LA VÉRITÉ

SUR

M. A. THIERS

La mort de M. Thiers et l'anniversaire de la révolution du 4 septembre arrivant le même jour, se confondant comme deux deuils jumeaux, si l'on veut que ce soit un hasard, quel hasard élo quent ! Il rêvait la revanche du 24 mai 1873. Il disait encore, il y a trois jours : « Je mourrai à l'Elysée. » Cet octogénaire n'avait jamais été, si l'on en croyait ses amis, plus plein de jours, de santé, de jeunesse. Il bâtissait des châteaux en république. Il plantait les jalons de sa restauration prochaine. L'avenir lui appartenait ! Autour de lui, on escomptait la victoire certaine de ses plans de bataille. La mort est venue souffler sur ces édifices fragiles comme un rêve, et, si revanche il y a, ce n'est pas la revanche du 24 mai, c'est la revanche du 4 septembre que la Providence décrète en ce jour.

Certes, nous parlerons respectueusement à côté de ce cadavre encore chaud, et nous ne marchanderons pas l'admiration à ses dons merveilleux. Combien de fois, dans ces dernières années, obligé de combattre en M. Thiers un fléau de son pays, ne nous sommes-nous pas rappelé ces paroles de M. Thiers lui-même, *éreintant*, dans un de ses articles de jeunesse, alors qu'il débutait au *Constitutionnel*, une brochure ultra-royaliste de M. de Montlosier ! « Ce que je connais de plus déplorable au monde, écrivait M. Thiers, parlant de l'écrit de M. de Montlosier, *De la Monarchie française au* 1er *mars* 1822, c'est de voir des vieillards avoir tort. »

Voilà sept ans que M. Thiers nous donnait ce spectacle douloureux et que nous souffrions d'avoir à crever les ballons de sa légende. Nous aurions voulu pouvoir le respecter. Surtout depuis le 24 mai 1873, il n'aurait dépendu que de lui de devenir sacré. L'intérêt de sa véritable gloire, comme le soin de sa santé, lui conseillaient le repos, la retraite, les recueillements de l'étude et de la méditation. Il ne voulut pas sortir de la fournaise. Il est mort, comme il avait vécu, luttant pour la conquête du pouvoir, prêt à tout pour renverser les obstacles qui lui en fermaient les avenues, confondant — sincèrement, croyons-nous — les besoins de sa passion insatiable avec ceux de l'Etat.

Jamais homme n'aima tant la domination, ne déploya tant d'adresse, d'éloquence, j'ai presque dit : de génie, ne se dépensa en plus d'efforts grands et petits, avouables ou inavouables, pour rentrer dans la place sitôt qu'il s'en trouvait dehors. Une fois vainqueur, il sembla toujours ne savoir que faire de sa victoire, parce qu'il n'avait ni un principe arrêté, ni une idée nouvelle. Pendant un demi-siècle, il a combattu ce singulier combat, dupant les autres, dupe de lui-même. L'activité faite homme et ne jouissant que par l'action. En son style même ne sent-on pas ce défaut de recueillement, de force sereine? De là, dans son œuvre historique, des qualités si vivantes, des pages où le récit palpite comme le cœur même des hommes et des événements qu'il met en scène, et aussi tant d'inégalités, de défaillances, de passages vulgaires, d'appréciations superficielles qui déparent encore l'*Histoire du Consulat et de l'Empire*, si supérieure qu'elle soit à la *Révolution française*.

M. Thiers, qui a si souvent dans sa carrière d'homme public mis en péril la paix de son pays et celle du monde, ne comprenait pas la paix pour lui-même. Il semble l'avoir confessé, dans un passage de certain article sur les mémoires de Gouvion Saint-Cyr, que Sainte-Beuve qualifiait d'admirable : « Ceux qui ont rêvé la paix perpétuelle ne connaissaient ni l'homme, ni sa destinée ici-bas, a dit M. Thiers. L'univers est une vaste action ; l'homme est né pour agir. Qu'il soit ou ne soit pas destiné au bonheur, il est certain du moins que jamais la vie ne lui est plus supportable que lorsqu'il agit fortement ; alors, il s'oublie, il est entraîné. »

Personne, à ce compte-là, n'a dû être plus heureux que M. Thiers, car personne plus que lui ne s'est livré aux entraînements de l'action perpétuelle.

***

Je ne crois pas le diminuer en disant qu'avant tout il était né journaliste. Ses aptitudes stratégiques, sa *combativité*, dirait un phrénologue, cette incomparable ouverture d'esprit grâce à laquelle il se passionnait tour à tour, en sa jeunesse, pour la géographie, pour les mathématiques, qui plus tard explique ses foucades d'astronomie et qui fit de lui une véritable encyclopédie élémentaire, ce fourmillement perpétuel de sa pensée, ce besoin de tenir toujours le public dans sa main, cette vocation de touche-à-tout politique, littéraire, financier, scientifique, militaire, cette abondance intarissable à tout propos, sur tous les sujets, ce bon accueil que les idées vulgaires étaient sûres de trouver chez lui et le grain de sel tout personnel dont il excellait à les relever : autant de qualités autant de défauts dont la réunion constitue le journaliste idéal.

Je trouve dans une étude sur M. Thiers un croquis, qui me paraît excellent et qui confirme bien notre appréciation de ce cerveau privilégié : « Le trait le plus caractéristique et le plus distinctif qu'il offre, selon moi, est la fraîcheur de curiosité. On a dit d'un autre esprit, bien éminent, de nos jours (de M. Guizot), que ce qu'il avait appris de ce matin, il avait l'air de le savoir de toute éternité, tant sa haute réflexion donnait vite à chaque connaissance une teinte profonde et comme reculée. C'est justement le contraire chez M. Thiers. Tout ce qu'il voit pour la première fois, il le découvre, il le raconte avec la vivacité de la découverte, avec une netteté comme matinale, avec une sorte de naïveté (je demande bien pardon du mot) dans laquelle il se mêle bien assez de finesse pour qu'on ne sache plus comment la définir, avec une ampleur sans effort où l'on oublie aisément de trouver du superflu. Le résultat même de ses études les plus habituelles, les plus antérieures, il le produit et le déroule volontiers sous une lumière légère et sur une surface sans ombre. Tandis qu'il parle ou qu'il écrit, il vous associe insensiblement à son récit, à sa nouveauté ; il vous emmène avec lui dans un courant plus ou moins rapide et, au bout de quelque temps, si l'on n'y prend garde, ses conclusions, ses impressions sont devenues les vôtres ; toutes les objections ont disparu. Tel il est en chaque matière... »

Voilà bien le portrait du journaliste, ce dévorant quotidien qui doit tout absorber, tout digérer en un clin d'œil et faire tout avaler au public, sous peine d'être inférieur à sa tâche et de n'avoir pas la vocation de ce métier endiablé.

Au pouvoir, M. Thiers fut-il jamais autre chose qu'un journaliste fourvoyé, diminué dès qu'il s'était juché, à coup d'articles ou de discours, sur le piédestal convoité ? Ses discours ne sont-ils pas presque tous des articles, des causeries, plutôt que des discours proprement dits ? C'est l'absence d'apprêt oratoire qui en forme le charme suprême. Homme d'Etat, je défie que l'on me cite de lui, à moins d'écrire l'histoire contemporaine avec la plume des *Mille et une Nuits*, un bienfait auquel il ait attaché son nom, un progrès dont il soit l'auteur, un service incontestable rendu à la chose publique. Ce libérateur du territoire n'a pas libéré le territoire, il a moins vaincu la Commune par lui-même qu'il ne l'a fait naître, il n'a pas sauvé un pouce de notre territoire, ni épargné une goutte de notre sang, ni diminué d'un écu notre rançon, ni abrégé d'une heure le martyre de la guerre de 1870-71.

Il est faux — et ceux qui croient le contraire ne prouvent qu'une chose, c'est qu'ils n'ont jamais lu une séance du Corps législatif en 1870 — qu'il ait deviné la défaite, et que, si on l'eût écouté, on n'aurait pas fait la guerre qui nous a mis à deux doigts de notre perte. Il est vrai, en revanche, qu'il nia, après Sadowa, la nécessité pour la France de transformer son organisation militaire, et qu'il traita de chimériques les chiffres officiels des forces prussiennes, sur lesquels le gouvernement appuyait ses demandes d'hommes et d'argent; il est vrai aussi qu'au 18 mars il livra Paris à la Commune, oublia le Mont-Valérien, dans la précipitation de sa fuite sur Versailles, et laissa tranquillement grandir le monstre au lieu de l'écraser dans son œuf.

Il est faux que M. Thiers ait jamais émis une grande idée économique ou industrielle, associé son talent à autre chose qu'à des combats de personnes contre personnes. Il est vrai qu'en 1830, il poussa la monarchie traditionnelle dans l'abîme; qu'en 1848, la monarchie contractuelle ne se trouva pas mieux de ses offices, et qu'en 1870, il y a juste aujourd'hui sept ans de cela, quand M. Buffet et quelques hommes de cœur voulurent protester contre l'émeute qui venait de disperser la représentation nationale, envahissant l'Assemblée comme le Prussien envahissait la France, M. Thiers conseilla de se retirer chacun chez soi *avec dignité*.

Il y a quelque chose de plus surprenant en M. Thiers que ses aptitudes, si brillantes qu'elles fussent : c'est la durée de sa popularité, popularité sans cause, à moins qu'on ne la considère comme le reflet de l'éclat jeté par ses talents divers ; ce serait alors une vogue pareille à celle qui suit les grands artistes dans tous les genres, surtout quand il leur a été donné d'accomplir une longue carrière, ou bien encore peut-être pourrait-on expliquer cette popularité incontestable de M. Thiers de la façon suivante : comme en toutes choses il a alternativement soutenu le pour et contre (c'est M. Emile de Girardin qui l'a dit jadis dans la *Presse*), chaque parti étant en droit de rêver de se l'attacher comme cheval de renfort, tous avaient intérêt, tantôt l'un, tantôt l'autre, à le magnifier et à recommander son nom à la foule.

Il faut faire aussi, et très large, la part de l'influence et du charme qu'il a su faire rayonner autour de lui. Il excellait aux conquêtes individuelles. Il y mettait du soin, de la coquetterie, et les conquêtes font la boule de neige. Son salon, toujours ouvert et par lequel toute l'Europe intelligente et dirigeante a passé, était une de ses forces. En ces dernières années, avoir causé avec le *petit bourgeois* dont M. de Talleyrand fit jadis sauter la fortune naissante sur ses genoux, qui avait enterré quatre gouvernements, y compris le sien, et qui préparait gaillardement les funérailles d'un cinquième gouvernement, celui de son successeur constituait, pour bien des gens, un enivrement comparable à celui de Mme de Sévigné, le soir qu'elle avait dansé avec le grand roi.

N'oubliez pas non plus, parmi les éléments de cette étrange faveur publique dont M. Thiers a joui jusqu'à son dernier jour et qu'il avait peu méritée, s'il faut faire du bien à son pays pour qu'il vous aime, l'extérieur particulier dont la nature l'avait doué : son enveloppe bourgeoise, sa physionomie empreinte de bonhomie et de finesse, le contraste de cette simplicité corporelle avec les grands rôles que le petit acteur avait joués. Ce siècle bourgeois se mirait dans ce bourgeois. Aussi le gros du public l'a toujours un peu traité en enfant gâté. Certes, on a eu bien des heures de colère contre lui, en 1840 par exemple, quand on le vit tomber dans tous les piéges que les puissances étrangères tendaient à son cabinet, tirer des pétards et recevoir des soufflets comme le bombardement de Beyrouth et de Saint-Jean-d'Acre, et la note du 8 octobre. Mais, M. Thiers a toujours si bien oublié et si vite ses torts qu'on les lui pardonnait.

Il était en train, quand la mort l'a pris, nous ne pouvons l'oublier, malgré notre déférence pour la tombe qui va s'ouvrir, de préparer à sa longue carrière le plus déplorable couronnement. Il recommençait contre le gouvernement du maréchal de Mac-Mahon la même guerre qu'il avait conduite, en sa jeunese, contre le gouvernement du roi Charles X et qu'on appelait, dans l'entourage, « son siège de Toulon »; car, qui ne connaît la manie de l'historien de Napoléon Ier de se comparer à son modèle, de s'en rapprocher en rêve, sinon en réalité? M. Thiers, lorsqu'il dirigeait, dans le *National* d'alors, la fameuse campagne qui aboutit à la révolution de Juillet, avait donné pour programme à la coalition: « Enfermer les Bourbons dans la charte, en fermer exactement les portes; ils sauteront immanquablement par les fenêtres. » Autres temps, même programme.

Mais, combien plus criminel aujourd'hui qu'alors! combien plus inexcusable de la part d'un octogénaire que d'un jeune homme de trente-trois ans, chez qui l'ambition et les illusions étaient excusables! et puis nous sommes, circonstance singulièrement aggravante, en temps de suffrage universel! Un volcan au lieu d'un feu de chiminée. Quand M. Thiers, en braquant sur le ministère Polignac l'artillerie de son opposition, en jouant avec des armes mortelles, en poussant au refus de l'impôt, en rédigeant et en signant contre les ordonnances la fameuse protestation des journalistes, lançait de nouveau son pays sur la pente des révolutions, il pouvait croire le jeu moins périlleux qu'il ne l'était en réalité. On s'imaginait volontiers alors que la première révolution ayant rasé tous les abus, conquis tous les droits utiles, il n'y aurait plus de révolution. Si l'on se trompait ! l'avenir l'a montré en traits de feu et de sang. Ni la révolution de février 1848, ni la guerre civile de Juin ni l'année terrible qui vit l'invasion et la Commune, rien n'avait corrigé M. Thiers, rien ne l'avait mûri et assagi : ni les épreuves du pays, ni ses alternatives personnelles de triomphes et de revers, et il tendait vers le pouvoir ses bras débiles, déjà presque glacés, et il faisait cause commune avec les alliés et les survivants, les collatéraux et les amis de la Commune, et il s'était institué le général du radicalisme contre le maréchal de Mac-Mahon, se flattant sans doute de discipliner ses troupes et d'empêcher le pillage une fois qu'il aurait remporté la victoire.

***

La mort l'a surpris roulant ces tristes desseins. J'ose dire qu'elle lui a rendu service en l'arrêtant au commencement de ce lamentable épilogue de sa vie. On a souvent conté qu'au moment où la chute du ministère Martignac donna à M. Thiers la signal du décisif combat contre la Restauration, il s'apprêtait à partir avec le capitaine Laplace pour un voyage de circumnavigation. Il vit à ce sujet M. Hyde de Neuville, ministre de la marine, qui accueillit très favorablement son désir et lui proposa le titre d'historiographe du voyage. Si M. Thiers était parti, qui sait si la révolution de 1830, dont il fut le plus vif ouvrier, se serait accomplie? De nos jours, il ne songeait nullement à se mettre en route, et le voilà parti pour un voyage autrement incertain, autrement lontain que celui qu'il méditait en compagnie du capitaine Laplace. Ainsi va le destin; on a fait ses paquets pour partir, et l'on reste ; on n'a pas le moins du monde apprêté sa valise, et il faut s'embarquer pour ne plus revenir.

S'il n'est pas interdit de penser qu'en 1830 l'éloignement fortuit du jeune Thiers, l'artisan le plus actif, le plus intelligent de la révolution qui se préparait, aurait pu changer le cours des choses, à plus forte raison en 1877, l'ex-président de la République retranché subitement du nombre des vivants modifie nos perspectives. Le nom de M. Thiers, même frappé d'impuissance par son âge, même compromis par ses alliances, offrait à beaucoup de gens, qui se croient conservateurs tout en jouant volontiers à l'opposition, des garanties, estimées par eux de premier ordre contre le péril social. M. Thiers avait beau n'être plus que l'ombre de lui-même, cette ombre conservait bien des croyants en sa force et sa vertu. A présent, la mort a arraché brusquement le pavillon qui couvrait la marchandise des radicaux. Ce républicain du surlendemain était, par son prestige personnel, l'âme des coalition des gauches, le lien du faisceau hétérogène des 363. Il était le masque indispensable dans le carnaval radical, auquel nous assistons. M. Thiers rendait à la République le service de l'habiller décemment. Au rebours de la belle accusée grecque, qui gagna sa cause en dévêtant ses perfections physiques devant l'aréopage, la république fait peur dès qu'on la voit nue.

H. DE PÊNE.

Nous ajoutons à cette étude les jugements que des personnes illustres du temps passé ont porté sur M. Thiers à une époque moins avancée de sa carrière, on verra que ces jugements confirment dans ses points principaux l'étude que nous avons choisie pour la publier plus haut.

JUGEMENTS ILLUSTRES

SUR

M. THIERS

.... M. Thiers a préconisé le massacre, et il prêcherait l'humanité d'une manière tout aussi édifiante ; il se donnait pour fanatique des libertés, et il a opprimé Lyon, fusillé dans la rue Transnonain et soutenu envers et contre tous les lois de septembre. S'il lit jamais ceci, il le prendra pour un éloge.

Devenu président du conseil et ministre des affaires étrangères, M. Thiers s'extasie aux intrigues diplomatiques de l'Ecole Talleyrand, il s'expose à se faire prendre pour un turlupin à la suite, faute d'aplomb, de gravité et de silence. On peut faire fi du sérieux et des grandeurs de l'âme, mais il ne faut pas le dire avant d'avoir amené le monde subjugué aux orgies de Grandvaux.

Du reste, M. Thiers mêle à ses mœurs intérieures un instinct élevé ; tandis que les survivants féodaux, devenus cancres, se sont faits régisseurs de leurs terres, lui, M. Thiers, grand seigneur de renaissance, voyage en nouvel Atticus, achète sur les chemins des objets d'art et ressuscite la prodigalité de l'antique aristocratie : c'est une distinction, mais s'il sème avec autant de facilité qu'il recueille, il devrait être plus en garde contre la camaraderie de ses anciennes habitudes : la considération est un des ingrédients de la personne publique.

Agité par sa nature de vif argent, M. Thiers a prétendu aller tuer à Madrid, l'anarchie que j'y avais renversée en 1823, projet d'autant plus hardi que M. Thiers luttait avec les opinions de Louis-Philippe. Il se peut supposer un Bonaparte ; il peut croire que son taille-plume n'est qu'un allongement de l'épée napoléonienne ; il peut se persuader être un grand général, il peut rêver la conquête de l'Europe, par la raison qu'il s'en est constitué le narrateur et qu'il fait très inconsidérément revenir les cendres de Napoléon . . . .

. . . .

M. Thiers a l'un de ces trois partis à prendre : se déclarer le représentant de l'avenir républicain, ou se percher sur la monarchie contrefaite de Juillet comme un singe sur le dos d'un chameau, ou ranimer l'ordre impérial. Ce dernier parti serait du goût de M. Thiers ; mais l'empire sous l'empereur, est-ce possible? Il est plus naturel de croire que l'auteur de l'*Histoire de la Révolution* se laissera absorber par une ambition vulgaire. Il voudra demeurer ou rentrer au pouvoir ; afin de garder ou de reprendre sa place, il chantera toutes les palinodies que le moment ou son intérêt sembleront lui demander ; à se dépouiller devant le public il y a audace, mais M. Thiers est-il assez jeune pour que sa beauté lui serve de voile ?

Deutz et Judas mis à part, je reconnais dans M. Thiers un esprit prompt, fin, malléable, peut-être héritier de l'avenir, comprenant tout, hormis la grandeur qui vient de l'ordre moral ; sans jalousie, sans petitesse et sans préjugé, il se détache sur le fond terne et obscur des médiocrités du temps. Son orgueil excessif n'est pas encore odieux, parce qu'il ne consiste point à mépriser autrui.

M. Thiers a des ressources, de la variété, d'heureux dons : il s'embarrasse peu des différences d'opinion, ne garde point rancune, ne craint pas de se compromettre, rend justice à un homme, non pour sa probité ou pour ce qu'il pense, mais pour ce qu'il vaut ; ce qui ne l'empêcherait pas de nous faire tous étrangler le cas échéant.

M. Thiers n'est pas ce qu'il peut être ; les années le modifieront, à moins que l'influence de l'amour-propre ne s'y oppose. Si la cervelle tient bon et qu'il ne soit pas emporté par un coup de tête, les affaires révèleront en lui des supériorités inaperçues. Il doit promptement croître et décroître; il y a des chances pour que M. Thiers devienne un grand ministre ou reste un brouillon.

M. Thiers a déjà manqué de résolution quand il tenait entre ses mains le sort du monde.

. . . .

. . . .

... Nous sommes tombés sous les pieds de l'Europe : une pareille occasion de nous relever ne se présentera pas de longtemps.

En dernier résultat, M. Thiers, pour sauver son système, a réduit la France à un espace de quinze lieues, qu'il a fait hérisser de forteresses ; nous verrons bien si l'Europe a raison de rire de cet enfantillage du grand penseur.

(CHATEAUBRIAND. — *Mémoires d'outre-Tombe*. Tome VIe.)

Nul, du reste, n'était plus propre que M. Thiers à conduire la bourgeoisie. Son esprit délié, sa figure fine mais bienveillante, le sans-façon de ses manières, son caquetage, la grâce non chalante avec laquelle il faisait, au besoin, bon marché de son importance, tout cela rendait sa supériorité légère et en assurait d'autant mieux l'empire ; tout cela le servait auprès d'une classe qui veut des chefs d'un abord facile et d'un mérite complaisant. Il s'était élevé de fort bas, et c'était un titre à la faveur des parvenus, qui saluaient en lui la légitimité de leur propre fortune. Et puis, quelle fécondité d'expédients ! quelle vivacité d'intelligence ! quelle aptitude à tout comprendre, à tout expliquer! M. Thiers était journaliste, homme de lettres, financier : il se fût fait, le cas échéant, général d'armée. Et même, en dépit de la direction de ses études, il enviait par-dessus tout le rôle de l'homme de guerre.

Dans son *Histoire de la Révolution française*, il avait affecté de grandes connaissances stratégiques, et il n'eût aimé rien tant que de monter à cheval, de passer des troupes en revue, de se mettre auprès du soldat en quête de popularité. Eloquent, il ne l'était pas, et sa petite taille lui donnait, à la tribune, un désavantage marqué. Mais il exposait les affaires avec tant de lucidité, il parlait avec tant d'abandon de son amour pour le pays, sa pantomime était si expressive, sa voix aigre et impuissante empruntait de la fatigue quelque chose de si touchant qu'il arrivait au succès par ses défauts mêmes : l'absence de noblesse, la diffusion, l'excès de négligence, la trivialité.

Dans une assemblée, personne ne savait mieux

que lui se faire médiocre. Ses idées étaient manifestement tournées vers l'empire. Il voulait le pouvoir actif et respecté ; il le méprisait scrupuleux. Les principes, il les dédaignait avec étourderie, quelquefois avec impertinence ; car, en politique, il ne reconnaissait d'autre divinité que la force, et il l'adorait dans ses manifestations les plus opposées, pourvu, toutefois, qu'elle ne se présentât point sous les traits du rigorisme. Il l'aimait indifféremment comme moyen de tyrannie et comme instrument de révolte ; il l'avait admirée dans Bonaparte, il l'avait admirée dans l'impétueux Danton, il l'eût admirée jusque dans Robespierre, si dans Robespierre il ne l'eût trouvée unie à l'autorité.

Du reste, pas de tenue dans la conduite, peu de profondeur dans les sentiments, plus d'inquiétude que d'activité, plus de turbulence que d'audace, de la suffisance quelquefois et de l'élévation dans l'esprit s'il en avait eu davantage dans le cœur ; sous beaucoup de rapports, M. Thiers était un Danton en miniature. Il avait, néanmoins, beaucoup plus de probité qu'on ne lui en supposait, et ses ennemis lui adressaient à cet égard des accusations injustes. Mais, homme d'imagination, aimant les arts avec une passion enfantine, dévoré de besoins frivoles, capable d'oublier les affaires d'Etat pour la découverte d'un bas-relief de Jean Goujon, fougueux dans ses fantaisies, pressé de jouir, il donnait aisément prise à la calomnie. Quoiqu'il n'eût pas de fiel comme particulier, il répugnait bien moins que M. Guizot, comme ministre, aux mesures violentes. Il est vrai qu'il n'avait pas, ainsi que M. Guizot, un despotisme de parade : il eût volontiers fait peur à ses ennemis, sans éprouver le désir de s'en vanter, l'essentiel étant pour lui de mettre en œuvre le système d'intimidation que M. Guizot mettait en formules. Car l'un brûlait d'agir, l'autre de paraître.

Quelquefois, après avoir combattu, dans le conseil, des desseins funestes, M. Guizot courait en faire l'apologie à la tribune et y prononçait des mots implacables, de ces mots qui restent. Il n'en était pas de même de M. Thiers, corrupteur infatigable de la presse, habile à ruser avec l'opinion, et courtisan heureux de cette portion de la bourgeoisie qui se piquait de libéralisme et d'orgueil national. Quoi qu'il en soit, M. Thiers n'avait ni l'amour de l'humanité, ni l'intelligence de ses progrès possibles ; ne devinant rien au-delà de l'horizon, il n'avait nul souci du peuple, ne l'admirait que sur les champs de bataille où il court se faire décimer, et ne le jugeait bon qu'à servir de matière aux combinaisons de ces spéculateurs insolents qui, sous le nom usurpé d'hommes d'Etat, jouent entre eux les dépouilles du monde.

LOUIS BLANC.

(*Histoire de dix ans.* Tome II.)

BIOGRAPHIE

Louis-Adolphe Thiers naquit à Marseille le 14 avril 1797.

Son grand-père était avocat échevin de la ville de Marseille, et sa mère appartenait à une famille de drapiers, estimée dans le pays. Il était cousin d'André et Joseph Chénier. Sa famille, ayant essuyé de graves revers de fortune, il dut à cette parenté d'entrer, en 1806, au lycée de Marseille comme boursier.

Reçu avocat à Aix, en 1819, Thiers débuta dans la carrière littéraire par des mémoires académiques, qui furent remarqués. Sa liaison avec M. Mignet date de cette époque.

Son compatriote Manuel le fit entrer, en 1821, au *Constitutionnel*. En 1823, il collabore aux *Tablettes historiques* et commence son *Histoire de la Révolution française*.

Quand M. de Polignac arriva au pouvoir, M. Thiers

résolut de soutenir énergiquement les idées libérales ; c'est alors que, quittant le *Constitutionnel*, il fonda le *National* avec Mignet et Armand Carrel. Dès le mois de février, il posa la candidature du duc d'Orléans, ce qui lui valut un procès et une condamnation. L'opposition du *National* ne fit que s'accentuer. M. Thiers rédigea une protestation contre les ordonnances du 26 juillet. L'autorité fit interdire le *National*, et son rédacteur en chef, décrété de prise de corps, dut se retirer à Montmorency.

Le 29 juillet, il reparut à la réunion Laffitte, où il rédigea une proclamation en faveur du duc d'Orléans ; il fit partie, le 31 août, de la députation qui alla à Neuilly pour solliciter le prince, qui, le lendemain, fut proclamé lieutenant-général du royaume. Aussitôt la monarchie de Juillet constituée, il fut nommé conseiller d'Etat, puis sous-secrétaire d'Etat aux finances. Déjà les électeurs d'Aix l'avaient envoyé les représenter à la Chambre des députés. Réelu en 1831, il quitta l'opposition, conseilla la paix et le respect des traités de 1815. Sous Casimir Périer, il s'opposa à la cession de la Belgique à la France.

Enfin, en octobre 1832, il fut nommé ministre de l'intérieur.

L'arrestation de la duchesse de Berry laisse planer un souvenir pénible sur son premier passage au pouvoir.

De 1832 à 1834 il est tour à tour ministre du commerce et de l'intérieur. C'est de cette époque que datent ses premières rivalités avec M. Guizot. En 1833, M. Thiers fut élu membre de l'Académie française, en remplacement d'Andrieux.

Il était a côté du général Mortier lorsque celui-ci fut tué, le 28 juillet 1835, par l'explosion de la machine Fieschi.

En septembre suivant, M. Thiers défendit énergiquement devant les Chambres les lois dites *de septembre.*

Le 26 août 1836, voulant intervenir en Espagne en s'appuyant sur le traité de la quadruple alliance, il se retire du cabinet devant l'opposition du roi.

Il devint de nouveau président du conseil et ministre des affaires étrangères dans le cabinet du 1er mars 1840. Il fit les ordonances relatives à la construction des fortifications de Paris (29 juillet et 10 septembre 1840). Le 20 octobre il se retira.

Dès 1841, il se prépare à écrire son *Histoire du Consulat et de l'Empire,* en visitant les champs de bataille de toute l'Europe.

Il ne reparut à la tribune qu'en 1842, pour soutenir la loi de régence qui excluait la duchesse d'Orléans.

L'agitation libérale commençait à mettre le pouvoir en échec. M. Thiers l'encouragea. En 1848, il semblait devoir être l'arbitre entre le roi et l'opposition.

Dans la nuit du 23 au 24 février, il fut chargé par le roi de former, avec Odilon Barrot, un nouveau ministère. Mais voyant qu'il n'était plus possible de résister à l'émeute, il envoya son adhésion au gouvernement provisoire. Il se présenta aux élections pour la Constituante dans le département des Bouches-du-Rhône, échoua aux élections générales ; mais le 4 juin suivant fut élu par quatre départements.

Il opta pour la Seine-Inférieure, qui l'avait nommé en remplacement de Lamartine.

Aux journées de juin 1848, il vota pour la dictature du général Cavaignac.

Le 10 décembre, M. Thiers vota pour la présidence du prince Louis-Napoléon, dont il avait d'abord combattu la candidature.

Ayant, à ce sujet, provoqué M. Bixio, il s'ensuivit un duel, qui eut lieu avant même la fin de la séance.

Il vota pour l'expédition de Rome, pour la loi sur l'instruction publique du 15 mars 1850, pour la suppression des clubs et pour la loi électorale du 31 mai.

En décembre 1852, M. Thiers fut expulsé de France et rappelé six mois après.

Il ne reparut qu'en 1863 sur la scène politique et devint le véritable chef de l'opposition au gouvernement impérial. Réélu à Paris en 1869, il appuya le cabinet Ollivier, en 1870. « Mes opinions sont assises sur ces bancs », disait-il en montrant les ministres.

On sait quel fut le rôle de M. Thiers au Corps législatif, dans les journées des 3 et 4 septembre 1870, et quels échecs il éprouva pendant la guerre dans sa mission diplomatique auprès des cours de l'Europe, dont il sollicitait l'intervention en notre faveur.

Enfin, l'armistice fut signé. Les élections eurent lieu. M. Thiers arrivait au point culminant de sa carrière.

Vingt-six départements l'envoyèrent à l'Assemblée nationale, qui le nomma chef du pouvoir exécutif avec mission de conclure la paix. A peine était-elle rétablie, qu'il dut demander au maréchal de Mac Mahon le secours de son épée contre la Commune. Le 31 août 1871, l'Assemblée nationale, par le vote de la Constitution Rivet, lui décerna le titre de président de la République et décida que ses pouvoirs ne prendraient fin qu'avec ceux de la Chambre. C'est alors que M. Thiers, secondé par le pouvoir législatif, put contracter l'emprunt de trois milliards destiné à avancer la date de la libération du territoire.

Cependant, M. Thiers n'étant plus d'accord avec la majorité de l'Assemblée souveraine, la Chambre dut lui chercher un successeur. Le 24 mai 1873, les pouvoirs de M. Thiers passèrent aux mains du maréchal de Mac Mahon.

L'ancien président reparut peu à la Chambre. Sa santé exigeait de grands ménagements. Mais il fut dès lors le véritable chef de la gauche. Il se réconcilia avec M. Gambetta. Elu sénateur à Belfort, puis député à Paris, en 1876. M. Thiers laissa, après le 16 mai, poser ouvertement sa candidature à la succession du maréchal.

Grand-officier de la Légion d'honneur, le 27 avril 1840, il était Grand-Croix depuis le 20 février 1871.

Cette longue et illustre existence s'est éteinte dans la ville où naquit Louis XIV, à Saint-Germain-en-Laye, le 3 septembre 1877, à six heures et demie du soir.

Paris. — Imprimerie Kugelmann, 12, rue Grange-Batelière.

PARIS. — IMPRIMERIE KUGELMANN

12, rue Grange-Batelière.

www.ingramcontent.com/pod-product-compliance
Ingram Content Group UK Ltd.
Pitfield, Milton Keynes, MK11 3LW, UK
UKHW012304240726
13966UKWH00004B/1623